COURS NORMAL

DIVISÉ EN DEUX PARTIES

PAR

M. ...

DIRECTEUR DES ÉCOLES NORMALES DE PAU,

PREMIÈRE PARTIE

COMPRENANT 50 QUESTIONS

Pau,

VIGNANCOUR, IMPRIMEUR-LIBRAIRE.

1843

V

3173.

ARITHMÉTIQUE

RAISONNÉE.

PREMIÈRE PARTIE

COMPRENANT 56 QUESTIONS.

ARITHMÉTIQUE

RAISONNÉE.

COURS NORMAL

DIVISÉ EN HUIT PARTIES,

PROFESSÉ

par M.ʳ Beigbeder-Sarraude,

DIRECTEUR DE L'ÉCOLE-NORMALE DE PAU.

PREMIÈRE PARTIE

COMPRENANT 56 QUESTIONS.

Pau.

É. VIGNANCOUR, IMPRIMEUR-LIBRAIRE.

1853.

*Les formalités légales ayant été remplies, je pour-
suivrai devant les tribunaux (et selon toute la rigueur
des lois), tout contrefacteur et tout débitant de contre-
façons de cet ouvrage.*

*Tout exemplaire, non signé de ma main, sera réputé
contrefait et saisi.*

A MESSIEURS

LES INSTITUTEURS ET ÉLÈVES DE L'ÉCOLE NORMALE DE PAU.

J'ai long-temps résisté au désir manifesté par vous de voir mon Arithmétique imprimée. Faisant honneur de vos progrès rapides, plutôt à votre ardeur pour l'étude qu'à la Méthode d'Enseignement que j'emploie, je n'accordais pas à cette Méthode assez d'importance pour la publier.

D'un autre côté, je ne pouvais me dissimuler combien les sages mesures prises par M. le Recteur de l'Académie, aussi bien que le choix des Membres de la Commission d'Examen, avaient contribué aux succès obtenus jusqu'à ce jour.

Vous le savez, cette commission, à peine installée, s'est montrée extrêmement avare de Brevets; et mettant à l'écart toute considération de faveur ou de complaisance, elle décerne au mérite seul le titre ambitionné par vous. Témoin de cette sévérité bien entendue, chaque Elève a senti mieux encore le besoin vj

de s'instruire; vos progrès ont égalé votre zèle; en présence de cet état de choses, j'ai cru pouvoir différer la publication de mon travail, pensant devoir à vous seuls une réussite que vous vous plaisiez à m'attribuer.

Toutefois, dois-je le dire? de puissans motifs de confiance m'ont été donnés.

M. *Matter*, inspecteur-général de l'Universisé, ne s'est pas borné à louer à haute voix, devant tous les Elèves, le mode d'enseignement de l'Ecole; il a bien voulu informer de ses résultats M. le Ministre de l'instruction publique, et celui-ci s'est empressé, à son tour, d'en témoigner sa satisfaction à M. le Président de la Commission d'Examen.

L'opinion du savant M. *Jomard* n'a pas été pour moi un moindre encouragement. M. *Jomard*, membre de l'Institut, fondateur des Ecoles-mutuelles de France, et Président de la société établie à Paris pour la propagation de l'instruction primaire, s'est exprimé, lors de sa visite à l'Ecole, en termes tellement flatteurs que je n'oserais les reproduire, si cet éloge, adressé collectivement aux Maîtres et aux Elèves, ne vous concernait en particulier, vous dont il a dignement apprécié l'intelligence et le zèle.

« Je connais, a-t-il dit, la plupart des Ecoles-
» normales de France. Non seulement je n'ai rien vu
» qui pût être comparé aux Méthodes employées dans
» l'Ecole de Pau, mais encore j'assure que cette Ecole
» peut servir de modèle. »

Quelque confiance, j'allais dire quelque présomption, que doivent inspirer de pareils témoignages, je ne me permettrais point de livrer mon Arithmétique au public, si elle n'avait obtenu le suffrage d'un homme entouré de l'estime et de la vénération de tout le pays. Incorporé à dix-huit ans parmi les Savans de la commission d'Egypte, devenu depuis Ingénieur en chef, n'ignorant rien, mais possédant surtout au suprême degré l'art d'enseigner facilement des choses difficiles; cet homme, vous le connaissez. Il daigne souvent mêler sa voix à la mienne, et vous aimez à écouter ses démonstrations claires, simples, intelligibles pour tous.

Fier de son approbation, je vous adresse la première partie de mon Traité. Elle comprend quelques définitions et le Système complet de la Numération.

L'ouvrage entier aura huit parties. Les sept autres paraîtront à des intervalles périodiques rapprochés.

AVERTISSEMENT.

Désirant que selon la Méthode employée à l'École-Normale de Pau, les Elèves-Maîtres sortis de cette École fussent précéder de la leçon par groupes la leçon générale d'Arithmétique ; l'Auteur a dû publier son cours par livraisons, et le diviser en autant de parties qu'il y a de groupes à former. Chaque division sera donnée en lecture aux Elèves d'un même groupe, et leur sera expliquée par un Moniteur.

Voulant aussi faire assister en quelque sorte à ses leçons ceux des Instituteurs qui n'ont pu se rendre à Pau, mais qui liront son Arithmétique, l'Auteur s'est proposé un cours oral plutôt qu'un traité écrit, un cours tel, en un mot, qu'un Instituteur d'une intelligence ordinaire puisse, à la première lecture, le comprendre et le mettre en pratique.

Si l'on daigne remarquer tout ce qu'exige une pareille tâche, on sentira qu'une grande clarté est indispensable, et l'on excusera quelques longueurs de détail, des développemens familiers, et souvent même quelques répétitions nécessaires.

ARITHMÉTIQUE

RAISONNÉE.

PREMIÈRE PARTIE

COMPRENANT 36 QUESTIONS.

DÉFINITION.

1. D. *Qu'appelle-t-on unité ?*

R. On appelle *unité*, tout être qu'on prend dans la nature, représentant une seule fois l'objet de sa signification : *un homme, un cheval, un arbre, un rocher.*

L'unité est encore une chose que l'on prend arbitrairement pour exprimer une quantité de même espèce; elle sert de terme de comparaison à cette quantité. Si l'on veut exprimer la distance d'un point à un autre, peu importe l'unité à laquelle on compare cette distance, pourvu que cette unité exprime une longueur. Quand je dis : cet homme saute *douze semelles*, j'entends que *la semelle*, prise pour unité, peut être appliquée douze fois sur *le saut*. J'aurais pu prendre pour unité *le mètre*, *la toise*; dans ce cas, la distance eût été exprimée par un nombre plus petit, vu que chaque unité serait plus grande.

2. D. *Qu'appelle-t-on quantité ?*

R. On appelle quantité tout ce qui est susceptible d'augmentation ou de diminution : *une maison* est une quantité, car on peut l'augmenter en la prolongeant ou en y ajoutant une aile ; *une chambre* est une quantité, car on peut l'augmenter en abattant une cloison ; *le son*, *la lumière*, sont des quantités, vu qu'on peut les rendre plus intenses, plus forts, soit en augmentant les voix ou les instrumens, soit en augmentant les flambeaux.

La durée n'est-elle pas aussi une quantité ?

Oui, car elle se compose d'une suite d'instans; et comme il ne s'agit ici que de la durée relative, il est clair qu'on peut l'augmenter en éloignant les époques.

5. D. *Qu'appelle-t-on nombre ?*

R. On appelle nombre l'expression d'une quantité; de là trois nombres : *nombre entier, nombre fraction et nombre fractionnaire.*

4. D. *Qu'appelez-vous nombre entier ?*

R. Le nombre est entier, lorsqu'il est l'expression d'une quantité qui contient l'unité une ou plusieurs fois exactement. Ainsi , s'il s'agit de mesurer la longueur d'un banc quelconque, je prends pour unité une longueur quelconque, *une règle*, par exemple. Je dis que le nombre est entier, si la règle en question peut être placée *une fois*, *deux fois*, *trois fois*, exactement, sur la longueur du banc. Ici, *le banc* est la quantité ; *la règle* est le terme de comparaison ; *un*, ou *deux*, ou *trois*, ou *quatre*, est le nombre qu'on appelle entier.

5. D. *Qu'appelez-vous nombre fraction ?*

R. Le nombre est appelé *fraction*, lorsqu'il ne représente qu'une partie de l'unité ; ainsi, si la règle en question est plus longue que le banc, il est clair que je n'aurai pas d'unités entières ; si je divise mon unité en trois parties égales, par exemple, chaque partie s'appelle *tiers ;* si le banc contient deux de ces parties, l'expression de cette quantité est *deux tiers ;* deux tiers n'est qu'une partie de l'unité, *un tiers* est l'autre partie ; ainsi deux tiers, qu'on écrit $\frac{2}{3}$, est un nombre fraction, ou simplement une fraction.

6. D. *Qu'apvelez-vous nombre fractionnaire ?*

R. Le nombre est ainsi appelé lorsque, étant écrit sous la forme d'une fraction, il contient des unités entières, et une partie de l'unité.

Je suppose toujours que la règle en question soit divisée en trois parties égales ; si la longueur du banc contient huit de ces parties, l'expression de cette quantité s'appellera *huit tiers* et s'écrira $\frac{8}{3}$; $\frac{8}{3}$ contient deux unités et deux tiers. On l'appelle expression fractionnaire ou nombre fractionnaire, parce qu'il est écrit sous une forme fractionnaire.

7. *D.* Mais si chacun était libre de prendre pour unité une grandeur quelconque ; si chacun disait : *l'unité c'est ma règle ;* comme il arriverait vraisemblablement que la plupart des règles seraient de différentes longueurs, comment se feraient les échanges ? Comment se feraient les marchés ? Comment s'exécuteraient les ouvrages d'art ? Qui me répondrait, par exemple, que mon menuisier donnerait à une table que je lui aurais commandée, les dimensions convenables, si, comme moi, il eût été libre de choisir son unité ? Ne devrait-il pas, pour ne pas s'exposer à faire ma table trop grande ou trop petite, comparer sa règle à la mienne ? Ne faudrait-il pas que cette opération se répétât avec toutes les personnes qui le feraient travailler ? Ne faudrait-il pas que chacune de ses pratiques lui envoyât son unité, c'est-à-dire, sa règle ?

R. C'est pour parer à cet inconvénient, que les habitans d'une même contrée ont imaginé une unité constante. Elle a été prise arbitrairement, mais elle est devenue commune à tous ; tous sont convenus de s'en servir.

Cette unité qu'on a appelée *étalon*, *prototype*, *modèle*, a été conservée chez tous les peuples avec le plus grand soin : les Hébreux la déposaient dans le temple, et l'appelaient *la mesure du sanctuaire.*

Les Romains la gardaient au Capitole.

Les Français la déposaient au palais des rois.

Plus tard, les étalons furent déposés dans les hôtels de ville, et la garde en fut confiée aux officiers municipaux.

8. D. *Qu'appelez-vous nombre abstrait ?*

R. Celui dont la nature des unités n'est pas exprimée : *trois, cinq, onze, cinq fois, huit fois,* etc.

9. D. *Qu'appelez-vous nombre concret ?*

R. Celui dont la nature des unités est exprimée : *cinq francs, onze mètres, vingt chapeaux.*

NUMÉRATION.

10. *D. Qu'est-ce que la numération ?*

R. La numération est l'art d'exprimer tous les nombres et de les représenter au moyen de certains caractères qu'on appelle chiffres.

D. Pourquoi dites-vous : au moyen de certains caractères ?

R. Parce que le nombre, ainsi que la forme, en est arbitraire : si l'on convient de représenter une chose

Par le chiffre.......... 1.

Deux choses par........ 2.

Trois choses par........ 5.

Quatre choses par....... 4.

Comme à un nombre quelconque on peut toujours ajouter l'unité, il est clair que les nombres sont infinis. Si chacun devait être représenté par un caractère différent, le nombre des caractères devrait évidemment être aussi infini; et certes, la mémoire de l'homme n'est pas infinie. De là, la nécessité de s'arrêter quelque part : or, puisqu'il faut s'arrêter, il n'y a pas plus de raison de s'arrêter à *neuf*, qu'à *dix*, à *cent* plutôt qu'à *mille;* supposons donc qu'il soit question de représenter tous les nombres imaginables avec les quatre caractères suivans :

$$1 , 2 , 3 , 4.$$

Comme le plus grand nombre qu'on puisse représenter avec un de ces caractères, est 4, il est clair que pour écrire un nombre plus grand, il faut recourir à un artifice quelconque. Plusieurs moyens s'offrent à l'esprit : le premier consisterait à imaginer une forme ou caractère particulier ; mais ce moyen, nous l'avons dit, conduirait à l'infini et a été reconnu impraticable ; le second consisterait à concevoir cinq unités réunies, de manière à ne former qu'une collection, qu'on représenterait par le chiffre 1 ; mais comme ce chiffre est destiné à représenter une unité, il importerait de le distinguer d'une manière convenable. On pourrait y placer, par exemple, soit en haut, soit en bas, un crochet ou un signe quelconque ; on conviendrait que ce chiffre, affecté de ce signe, représenterait une cinquaine. On aurait encore pu faire d'autres conventions : celle qui a paru la plus convenable, celle qu'on a adoptée, consiste à placer le chiffre 1, représentant *une cinquaine*, au second rang à gauche ; par ce moyen, on le distingue facilement du chiffre 1 représentant *une unité*. Ainsi, si l'on devait représenter en chiffres le nombre *six*, on écrirait deux fois le chiffre 1 ; le premier à droite, représentant 1 unité ; le second à gauche, représentant 1 cin-

quaine. Ainsi, *six, ou* 1 *cinquaine et* 1 *unité,
s'écrirait*. . . . . 11.
sept ou 1 *cinquaine* 2 *unités s'écrirait*. . . . 12.
huit ou 1 *cinquaine* 3 *unités s'écrirait*. . . 13.
neuf ou 1 *cinquaine* 4 *unités s'écrirait*. . . 14.

Ce que nous avons dit du chiffre 1, nous le disons du chiffre 2, du chiffre 3, du chiffre 4. Placés à la droite, ces chiffres représentent des *unités;* placés au second rang, à gauche, ils représentent des *cinquaines.* Ainsi, dix-sept ou 3 *cinquaines et* 2 *unités,* s'écrit. . . . 32.
vingt-et-un ou 4 *cinquaines et* 1 *unité,* s'écrit. . . 41.
vingt-trois ou 4 *cinquaines et* 3 *unités,* s'écrit. . . 43.
vingt-quatre ou 4 *cinquaines et* 4 *unités,* s'écrit. . . 44.

Or, c'est là le plus grand nombre qu'on puisse représenter avec deux caractères : pour aller au-delà, on conçoit cinq cinquaines réunies de manière à ne former qu'une unité collective, qu'on représente par le chiffre 1, et qu'on appelle cinquaine de cinquaine, ou *vingt-cinquaine.* Pour distinguer ce chiffre du chiffre 1 représentant une unité et du chiffre 1 représentant une cinquaine, on a eu soin de le placer au troisième rang à gauche.

Ainsi, si l'on devait représenter en chiffres le nombre *trente et un,* on dirait : dans *trente et un,* il y a 1 *vingt-cinquaine* et six *unités;* j'écris d'abord le chiffre 1, en conservant dans mon esprit l'idée du troisième rang à gauche, que ce chiffre doit occuper. Mais pour que ce chiffre occupe le troisième rang à gauche, il faut nécessairement qu'il ait deux chiffres à sa droite : les six unités restantes fourniront ces deux chiffres ; car dans six, il y a une cinquaine ; je la représente par le chiffre 1, que je place à la droite de la *vingt-cinquaine*, déjà écrite, et 1 unité, que je place à la droite de la *cinquaine*.

Par cet ordre, *trente et un*, ou 1 *vingt cinquaine*, 1 *cinquaine et* 1 *unité*, s'écrit.. 111.

Trente-huit, ou 1 *vingt-cinquaine* 2 *cinquaines et* 3 *unités*, s'écrit............ 123.

Cinquante-neuf, ou 2 *vingt-cinquaines*, 1 *cinquaine et* 4 *unités*, s'écrit..,..... 214.

Cent-vingt-quatre, ou 4 *vingt-cinquaines*, 4 *cinquaines et* 4 *unités*, s'écrit... 444.

Or, c'est là le plus grand nombre qu'on puisse représenter avec trois caractères. Pour aller au-delà, on concevrait de nouveau cinq *vingt-cinquaines* réunies de manière à ne former qu'une unité collective qu'on représenterait par le chiffre 1, et qu'on appellerait cinquaine de vingt-cinquaine, ou *cent-vingt-cinquaine.* En comptant par *cent-vingt-cinquaines* comme par *vingt-cinquaines*, par *cinquaines* et par *unités*, on aura 1 cent-vingt-cinquaine, 2 cent-vingt-cinquaines, 3 cent-vingt-cinquaines, 4 cent-vingt-cinquaines ; on représentera ces unités collectives par les mêmes chiffres que les unités simples, ayant soin de les placer au quatrième rang à gauche, afin de les distinguer, soit des *unités* qui occupent le premier rang, soit des *cin-*

quaines qui occupent le deuxième, soit des *vingt-cinquaines* qui occupent le troisième.

11. D. *Si l'on avait à représenter un nombre qui contiendrait des cinquaines exactes, le nombre dix, par exemple, qui se compose de deux cinquaines sans unités, comment ce chiffre pourrait-il occuper le second rang à gauche, la place des unités n'étant point occupée, puisqu'il n'y en a point à représenter ?*

R. Dans ce cas, on met ce signe (0) à la place des unités manquantes. Ce caractère qu'on appelle *zéro*, indique qu'il n'y a point d'unités ; il en occupe la place et permet au chiffre des cinquaines d'occuper le second rang, c'est-à-dire, le rang qui lui convient ; ainsi, le nombre *dix*, composé de 2 cinquaines exactes, s'écrira.   20.

Ce que j'ai dit du cas où les unités manqueraient, je le dirai de tous les cas analogues. Qu'il soit question, par exemple, de représenter le nombre *cinquante-trois* ; comme dans cinquante-trois il y a 2 vingt-cinquaines et 5 unités, je n'ai à écrire que deux chiffres significatifs ; mais il doit y avoir trois places occupées, attendu que le chiffre des vingt-cinquaines doit être placé au troisième rang. Dans ce cas, je raisonne ainsi : le nombre cinquante-trois renferme 2 vingt-cinquaines, 0 cinquaines et 3 unités ; j'écris ces chiffres, chacun à la place qui lui convient, et j'ai....... 203.

Si j'avais à représenter le nombre *cent*, je

dirais : Le nombre cent se compose de 4 *vingt-cinquaines* exactes; j'écris d'abord le chiffre 4 et je place un zéro à sa droite, pour indiquer qu'il n'y a point de *cinquaines* ; j'écris encore un zéro à la droite des cinquaines pour indiquer qu'il n'y a point d'unités. Par ce moyen, le chiffre 4 occupera le troisième rang à gauche, c'est-à-dire, le rang des *vingt-cinquaines*, qui lui convient, et j'ai.................... ... 400.

En continuant à former avec cinq unités d'un certain ordre, une unité collective de l'ordre immédiatement supérieur; en remplaçant par le chiffre 0, qui n'a aucune valeur par lui-même, l'ordre des unités qui manqueraient; en représentant les différentes collections par les chiffres destinés à représenter les unités simples, mais en les distinguant de celles-ci par le rang qu'on leur ferait occuper, on parviendrait facilement à exprimer tous les nombres imaginables.

EXERCICES

SUR LA NUMÉRATION A QUATRE CARACTÈRES.

Le Maître dit à haute-voix :

Ecrivez, *cinquante-neuf.*

L'ÉLÈVE : J'écris 2 *vingt-cinquaines*, 1 *cinquaine* et 4 *unités*.............. 214.

LE MAÎTRE . *Soixante-cinq.*

L'ÉLÈVE : J'écris 2 *vingt-cinquaines*, 5 *cinquaines* et 0 *unités*............ 250.

LE MAÎTRE : *Quatre-vingts.*

L'ÉLÈVE : J'écris 3 *vingt-cinquaines,*
1 *cinquaine et* 0 *unités*............ 310.

LE MAÎTRE : *Quatre-vingt-cinq.*

L'ÉLÈVE : J'écris 3 *vingt - cinquaines,*
2 *cinquaines* et 0 *unités.* .... 320.

LE MAÎTRE : *Quatre-vingt-dix-neuf.*

L'ÉLÈVE : J'écris 3 *vingt-cinquaines,*
4 *cinquaines* et 4 *unités*............ 344.

LE MAÎTRE : *Cent quatre.*

L'ÉLÈVE : J'écris 4 *vingt-cinquaines,*
0 *cinquaines,* 4 *unités*............ 404.

LE MAÎTRE : *Cent dix-sept.*

L'ÉLÈVE : J'écris 4 *vingt-cinquaines,*
3 *cinquaines,* 2 *unités.* .... 432.

Comme c'est de la numération que dépendent les plus hautes conceptions de l'arithmétique, il importe de bien l'entendre.

Voici un moyen d'action à portée de toutes les intelligences.

Le maître découpe ou fait découper par ses élèves une petite poignée de paille, en morceaux d'environ un décimètre chacun. Voilà, dit-il, une quantité de choses qu'il s'agit d'exprimer en chiffres avec un système de numération à base quelconque; et d'abord, supposons qu'on veuille n'employer que les caractères suivans : 1, 2, 3, 4, 5.

Le maître fait observer que cette quantité ne peut être représentée par un caractère, vu que le plus grand est 5.

Après avoir parlé de la nécessité de former des collections de six unités, qu'on appellera *sixaines*, le maître, muni de plusieurs petits bouts de fil, propose à ses élèves d'envelopper ces collections. Cet ouvrage fait, supposons qu'on ait trouvé *trente-deux* collections de six et 4 morceaux de paille pour reste. Comme je suppose les élèves en face d'un tableau noir, le maître fait écrire le reste 4.................... 4.

Quant aux trente-deux *sixaines*, on ne saurait les représenter avec un caractère, attendu que le plus grand est 5. De là, la nécessité d'employer un moyen analogue à celui dont il est parlé plus haut, c'est-à-dire de former avec six *sixaines* une nouvelle collection qu'on appellera unité du troisième ordre, ou *trente-sixaine*.

Ici, je fais observer qu'il est bon que les élèves eux-mêmes fassent ces collections : toujours munis de quelques petits bouts de fil, ils s'occupent à envelopper les collections de *trente-six*; ils en trouvent 5, et pour reste 2 *sixaines*; le maître fait placer les 2 sixaines restantes à la gauche des unités, et l'on obtient....... 24.

Quant aux cinq collections de *trente-six*, on peut les écrire avec un chiffre, puisqu'on connaît le caractère 5. On place le chiffre 5 au 3.e rang afin de le distinguer des sixaines et des unités, et l'on a 5 *trente-sixaines*, 2 *sixaines*, 4 *unités*, qu'on écrit.................... 524.

Un raisonnement calqué sur le précédent conduit l'élève le moins intelligent à la représentation d'une quantité quelconque de morceaux de paille, et lui donne des idées claires de la valeur relative des chiffres ; ces chiffres sont, dans l'esprit de l'élève, autre chose que des chiffres : le signe réveille clairement la chose signifiée ; le rang lui donne l'idée de la collection ; le chiffre, le nombre de collections. Plus de confusion dans son esprit ; plus d'embarras ; tout est compris. Qu'on adopte plus ou moins de caractères, conduit par analogie à tous les systèmes de numération, il représentera avec la même facilité une quantité quelconque, quel que soit le nombre des caractères adoptés, quelle que soit la forme de ces caractères.

EXERCICES

SUR LA NUMÉRATION A CINQ CARACTÈRES.

LE MAÎTRE : Ecrivez *quatre*.

L'ÉLÈVE : J'écris................ 4.

LE MAÎTRE : Ecrivez *quatorze*.

L'ÉLÈVE : J'écris 2 *sixaines*, 2 *unités*, et j'ai 22.

LE MAÎTRE : Ecrivez *vingt-sept*.

L'ÉLÈVE : J'écris 4 *sixaines*, 3 *unités*.. 43.

LE MAÎTRE : Ecrivez *trente*.

L'ÉLÈVE : Trente renferme 5 *sixaines* exactes, j'écris 5 *sixaines*, 0 *unités*, et j'ai 50.

LE MAÎTRE : Ecrivez *trente-cinq*.

L'ÉLÈVE : Trente-cinq renferme 5 *sixaines* et 5 *unités*, et j'ai................ 55.

ᴸᴱ ᴹᴬÎᵀᴿᴱ : Ecrivez *trente-six.*

ʟ'ÉʟÈᵛᴱ : Trente-six renferme six *sixaines.*
Comme je n'ai pas le caractère *six*, je forme
avec six *sixaines* une collection que j'appelle
trente-sixaine; je la représente par le chiffre
1, que je place au 3.ᵉ rang. Pour que le chiffre
1 occupe le 3.ᵉ rang, j'écris deux zéros à la
droite de ce chiffre. Le premier indique qu'il
n'y a point de *sixaines;* le second, qu'il n'y a
point d'*unités.* Ainsi, *trente-six* renferme 1 *trente-
sixaine*, 0 *sixaines*, 0 *unités*, et s'écrit.... 100.

ʟᴱ ᴹᴬÎᵀᴿᴱ : Ecrivez *quarante.*

ʟ'ÉʟÈᵛᴱ : Quarante renferme 1 *trente-
sixaine*, 0 *sixaines*, 4 *unités*, et s'écrit.. 104.

ʟᴱ ᴹᴬÎᵀᴿᴱ : Ecrivez *quatre-vingt-dix.*

ʟ'ÉʟÈᵛᴱ : Quatre-vingt-dix renferme 2
trente-sixaines, 3 *sixaines*, 0 *unités* et s'écrit 230.

ʟᴱ ᴹᴬÎᵀᴿᴱ : Ecrivez *cent.*

ʟ'ÉʟÈᵛᴱ : Cent renferme 2 *trente-sixaines*,
4 *sixaines*, 4 *unités*, et s'écrit......... 244.

D. *Qu'appelez-vous numération décimale?*

R. L'art de représenter tous les nombres
possibles au moyen des caractères suivans :

1, 2, 3, 4, 5, 6, 7, 8, 9.

D. Comment exprime-t-on le nombre *quatre?*
R. En écrivant. .... 4.
D. Le nombre *sept?*
R. En écrivant..................... 7.
D. Le nombre *neuf.*
R. En écrivant.................... 9.

D. Le nombre *quatorze* ?

R. Comme je n'ai pas un caractère particulier pour représenter le nombre quatorze, je conçois dix unités réunies de manière à ne former qu'une seule unité du second ordre, une collection de *dix*, que pour cette raison j'appelle *dixaine*. Je représente cette dixaine par le chiffre 1, que je place au second rang ; j'écris à la droite les quatre unités restantes, et j'ai...... **14.**

Ici le maître doit demander à l'élève pourquoi il n'a pas formé des collections de *onze*, de *douze*, ou plutôt de *quatorze*.

L'élève doit répondre : Si j'avais formé, par exemple, des collections de *douze*, quatorze se serait composé de 1 *douzaine* et de 2 *unités*, et on l'aurait écrit......... .... **12.**

Mais si ensuite j'avais dû écrire un nombre placé entre le plus grand chiffre, 9, et la collection *douze*, j'aurais été embarrassé ; il y aurait eu confusion. Comment en effet écrire *dix* ? Comment écrire *onze* ? Puisque le plus grand chiffre est 9, il aurait donc fallu former des *dixaines* ou des *onzaines*. Par quoi les représenter ? Par le chiffre 1 ? Mais on représente une *douzaine* par ce chiffre ? Où placer la *dixaine* ? Où placer la *onzaine* ? Au second rang ? Mais cette place est destinée à représenter les douzaines. Je le répète, il y aurait confusion. Ainsi, si le plus grand chiffre est neuf, l'unité du second ordre doit représenter une collection de dix unités, et doit s'appeler *dixaine*.

Si le plus grand chiffre est quatorze, l'unité du second ordre doit représenter une collection de quinze unités, et doit s'appeler *quinzaine*, et ainsi de suite.

Ainsi, d'après la base du système usuel de numération, le plus grand chiffre est neuf; pour écrire un nombre plus grand, on doit former des collections de dix, qu'on appelle *dixaines*; on doit représenter les dixaines par les chiffres qui servent à représenter les unités; on doit placer les chiffres représentant des dixaines, au second rang, à gauche des unités.

LE MAÎTRE : Écrivez *vingt-sept.*

L'ÉLÈVE : *Vingt-sept* se compose de deux *dixaines* et de sept *unités*, j'écris 2 et 7 ainsi que nous en sommes convenus......... 27.

LE MAÎTRE : *Trente-huit.*

L'ÉLÈVE : Trente-huit se compose de 3 *dixaines* et 8 *unités* ; j'écris............ 38.

LE MAÎTRE : *Dix.*

L'ÉLÈVE : Dix se compose d'une *dixaine* exacte; comme je dois représenter une dixaine par le chiffre 1, que je dois placer au second rang pour le distinguer du chiffre 1 représentant 1 unité, j'adopte un chiffre qui n'a aucune valeur. Ce chiffre est 0; il indiquera l'absence des unités, en donnant au chiffre 1 la valeur relative qui lui convient, et j'écris................ 10.

12. LE MAÎTRE : *Qu'appelez-vous valeur relative ?*

L'ÉLÈVE : Tout chiffre a deux valeurs. Le chiffre 5 , par exemple, placé au premier rang à droite, représente 5 unités; placé au second rang, il représente 5 dixaines ; voilà la valeur relative. Quand on ne considère ce chiffre que sous le rapport de la forme, de la figure , sans égard au rang , il est toujours 5. Cinq quoi? On ne le dit pas. 5 est la valeur absolue.

Deux hommes d'une position sociale très-différente se baignent nuds : l'un est roi, l'autre, meunier. Quel est le roi? Quel est le meunier? On ne le sait pas. La valeur absolue de chacun d'eux est d'être homme. Homme quoi? Homme roi, homme meunier. Voilà, si l'on peut s'exprimer ainsi, la valeur relative. Le premier se couvre d'habits dorés ; le second, d'une veste blanche . Celui-ci se dirige vers le moulin. Celui-là , vers son palais , il monte sur le trône. Voilà le rang; voilà la distinction.

LE MAÎTRE : Écrivez *cinquante-cinq.*

L'ÉLÈVE : J'écris.................... 55.

Le chiffre de droite représente 5 , celui de gauche aussi. Cinq quoi ?

Le rang va les distinguer. Le chiffre de gauche représente 5 *dixaines*, l'autre, 5 *unités.* J'écris donc.... .... 55.

LE MAÎTRE : Écrivez quatre-vingt-douze, ou *nonante-deux?*

L'ÉLÈVE : Quatre-vingt-douze contient 9 *dixaines* et 2 *unités*; j'écris............. 92.

LE MAÎTRE : Écrivez *quatre-vingt-dix-neuf*.

L'ÉLÈVE : Quatre-vingt-dix-neuf contient 9 *dixaines* et 9 *unités*. J'écris. .... 99.

LE MAÎTRE : Écrivez un nombre qui surpasse ce dernier d'une *unité*.

L'ÉLÈVE : Ce nombre est égal à 9 *dixaines* et dix *unités*. N'ayant pas un caractère propre à représenter dix *unités*, je fais une collection de *dix*, et je l'ajoute aux neuf dixaines que j'ai déjà. 9 et 1 font dix. Dix quoi? Dix dixaines. N'ayant pas un caractère propre à représenter dix dixaines, j'en fais une collection du troisième ordre, que j'appelle dixaine de dixaine, ou *centaine*. Je la représente par le chiffre 1, que je place au troisième rang; j'écris ensuite deux zéro à la droite de ce chiffre, afin d'indiquer qu'il n'y a point de dixaines ni d'unités. Ainsi 1 centaine, ou cent, s'écrit..... ...., 100.

LE MAÎTRE : Écrivez *cent-un*.

L'ÉLÈVE : Ce nombre se compose de 1 centaine, point de dixaines et une unité; j'écris d'abord le chiffre 1 qui représentera 1 centaine; à sa droite, le chiffre 0, qui indiquera qu'il n'y a point de dixaines; et enfin à la droite du zéro, j'écris encore le chiffre 1, qui représentera 1 unité, et j'ai...................... 101.

LE MAÎTRE : Écrivez *cent-vingt-trois*.

L'ÉLÈVE : Cent-vingt-trois se compose de 1 *centaine*, 2 *dixaines*, 3 *unités*; je place d'abord 1 centaine; à la droite, 2 dixaines; et à la droite des deux dixaines, j'écris 3 unités; chaque chiffre occupe alors le rang qui lui convient: la centaine, le troisième rang à gauche; les 2 dixaines, le second; les 3 unités, le premier; et j'ai . . . . 123.

Le maître : Écrivez *cinq cent-huit.*

L'élève : Cinq cent-huit se compose de 5 *centaines*, 0 *dixaines*, 8 *unités*; j'écris chaque chiffre au rang qui lui convient, et j'ai.... 508.

Le maître : Écrivez *huit cents.*

L'élève : Huit cents se compose de 8 *centaines* exactes. Ce chiffre doit occuper le troisième rang, afin qu'on le distingue des dixaines et des unités. J'écris donc à la droite du chiffre 8, d'abord un 0 pour indiquer qu'il n'y a point de dixaines, puis encore un 0 pour indiquer qu'il n'y a point d'unités, et j'ai . . . . 800.

Le maître : Ecrivez le plus grand nombre qu'on puisse exprimer avec trois chiffres.

L'élève : J'écris 9 *centaines*, 9 *dixaines* et 9 *unités*, et j'ai. . . . . 999.

Le maître : Écrivez un nombre qui surpasse ce dernier d'une unité.

L'élève : Au lieu de 9 *centaines*, 9 *dixaines* et 9 *unités*, j'aurai 9 centaines, 9 dixaines et dix unités. Ne pouvant pas représenter les dix unités par un caractère distinct, j'en forme une dixaine.

Cette dixaine et 9 dixaines que j'ai déjà, font dix dixaines. N'ayant pas de caractère propre pour représenter dix dixaines, j'en forme une collection appelée centaine; je l'ajoute aux 9 centaines que j'ai déjà, et j'obtiens dix centaines.

(29)

Si j'avais un caractère propre à représenter dix
centaines, je le placerais au troisième rang ;
mais notre base ne comportant pas le caractère
dix, je dois encore avoir recours aux collections.
Ainsi, c'est avec dix centaines que je forme une
unité du quatrième ordre que j'appelle *mille*. Je
représente cette unité de mille par le chiffre 1,
à la droite duquel j'écris trois zéros, afin de
distinguer ce chiffre du chiffre 1, représentant
tantôt une centaine, tantôt une dixaine, tantôt
une unité, et j'ai.................. 1000.

LE MAÎTRE : Ecrivez *mille-un.*

L'ÉLÈVE : J'écris 1 *mille*, 0 *centaines*,
0 *dixaines*, 1 *unité*, et j'ai.......... 1001.

LE MAÎTRE : Ecrivez *quatre mille-cin-
quante-six.*

L'ÉLÈVE : J'écris 4 *mille*, 0 *centaines*,
5 *dixaines*, 6 *unités*, et j'ai......... 4056.

LE MAÎTRE : Ecrivez *neuf mille-cinq
cent-huit.*

L'ÉLÈVE : J'écris 9 *mille*, *cinq centaines*,
0 *dixaines*, 8 *unités*, et j'ai.......... 9508.

LE MAÎTRE : Ecrivez *huit mille-deux
cent-soixante-sept.*

L'ÉLÈVE : J'écris 8 *mille*, 2 *centaines*,
6 *dixaines*, 7 *unités*, et j'ai.......... 8267.

LE MAÎTRE : Ecrivez le plus grand
nombre qu'il soit possible d'exprimer
avec quatre caractères.

L'ÉLÈVE : J'écris 9 *mille*, 9 *centaines*,
9 *dixaines*, 9 *unités*................ 9999.

LE MAÎTRE : Ecrivez un nombre qui surpasse ce dernier d'une unité.

L'ÉLÈVE : Le dernier nombre est 9 *mille*, 9 *centaines*, 9 *dixaines*, 9 *unités* ; le suivant sera 9 *mille*, 9 *centaines*, 9 *dixaines* et *dix unités*. Avec dix unités je forme une dixaine ; je l'ajoute aux 9 dixaines existantes, et le nombre revient à 9 mille, 9 centaines et dix dixaines. Avec dix dixaines j'obtiens une centaine ; je l'ajoute aux 9 centaines que j'ai déjà, et le nombre proposé revient à 9 mille et dix centaines. C'est avec dix centaines que je forme un mille ; je l'ajoute aux 9 mille, et j'ai dix mille. C'est aussi avec dix mille que je forme une collection du cinquième ordre appelée *dixaine de mille* ; je la représente par le chiffre 1, à la suite duquel j'ajoute quatre *zéros* pour le distinguer du même chiffre représentant, soit 1 mille, soit 1 centaine, soit 1 dixaine, soit 1 unité.

LE MAÎTRE : Ecrivez *dix mille-quarante-cinq unités*.

L'ÉLÈVE : Ce nombre se compose de 1 *dixaine de mille*, de 4 *dixaines* simples et de 5 *unités* simples.

Indépendamment de ces trois chiffres qu'on appelle significatifs, lesquels ne sauraient, seuls, représenter le nombre proposé, il doit y avoir deux zéros placés entre la dixaine de mille et les dixaines simples : le premier, pour indiquer qu'il n'y a point de *mille* ; le second, pour indiquer qu'il n'y a point de *centaines*.

J'écris donc................ .... 10.045.

LE MAÎTRE : Je ne vois pas l'utilité des deux zéros placés entre le chiffre des dixaines de mille et celui des dixaines simples. Pourquoi ne pas les retrancher puisqu'ils ne valent rien ?

L'ÉLÈVE : Si les deux zéros n'y étaient pas, le chiffre 1 représentant une dixaine de mille se trouverait placé immédiatement à gauche du chiffre 4, et n'occuperait plus que le troisième rang, c'est-à-dire, celui des centaines simples ; ainsi, quoique dans l'énonciation du nombre il n'ait pas été fait mention des zéros, ils n'en sont pas moins utiles pour donner aux chiffres de gauche la valeur relative qui leur convient

LE MAÎTRE : Ecrivez : *vingt et un mille-trois cent-cinquante-quatre.*

L'ÉLÈVE : Ce nombre se compose de 2 *dixaines de mille*, qui doivent occuper le cinquième rang de 1 *mille*, qu'il faut placer au quatrième, de 5 *centaines* que je place au troisième, de 5 *dixaines* que je place au second, et enfin, de 4 *unités* que je place au premier à droite.

J'écris......................... 21.554.

LE MAÎTRE : Ecrivez : *cinquante mille-trois unités.*

L'ÉLÈVE : Ce nombre se compose de 5 dixaines de mille et de 5 *unités.* Comme il n'y a ni mille, ni centaines, ni dixaines, je dois remplacer par trois zéros ces ordres d'unités manquantes, et j'écris 5 *dixaines de mille*, 0 *mille*, 0 *centaines*, 0 *dixaines* et 5 *unités*.. 50.005.

Ici le Maître proposera divers exercices et fera appliquer un raisonnement analogue, puis il continuera ainsi :

LE MAÎTRE : Ecrivez le plus grand nombre qu'il soit possible d'exprimer avec cinq caractères.

L'ÉLÈVE : J'écris : *quatre-vingt-dix-neuf mille-neuf cent-quatre-vingt-dix-neuf*, ou 9 *dixaines de mille*, 9 *mille*, 9 *centaines*, 9 *dixaines* et 9 *unités*, et j'ai.................... 99.999.

LE MAÎTRE : Ecrivez un nombre qui surpasse le dernier d'une unité.

L'ÉLÈVE : Ce nombre doit représenter 9 *dixaines de mille*, 9 *mille*, 9 *centaines*, 9 *dixaines* et 10 *unités* ; avec dix unités j'ai 1 dixaine ; 1 dixaine et 9 dixaines (*en indiquant successivement le chiffre des dixaines, celui des centaines, etc.*) font dix ; avec dix dixaines, j'ai une centaine, et 9 font dix ; avec dix centaines j'ai 1 mille, et 9 font dix ; avec dix mille j'ai 1 dixaine de mille, et 9 font dix ; avec dix dixaines de mille, j'obtiens une nouvelle collection que j'appelle unité du sixième ordre ou *centaine de mille*. Je représente cette nouvelle unité par le chiffre 1, que je place au sixième rang à droite.

Ainsi, *cent mille* se représente par 1 *centaine de mille*, 0 *dixaines de mille*, 0 *mille*, 0 *centaines*, 0 *dixaines*, 0 *unités* ; j'écris donc 100.000.

En comptant par centaines de mille, comme par centaines d'unités, en représentant ces nouvelles collections par les chiffres destinés à représenter les unités simples et les collections d'un nombre quelconque, on parviendra à écrire tous les nombres jusqu'à neuf cent-quatre-vingt-dix-neuf mille-neuf cent-quatre-vingt-dix-neuf unités, qu'on écrit... .... 999.999.

Ici, le maître doit exercer les élèves à écrire des nombres qui ne surpassent pas 999.999, toujours par des moyens analogues à ceux dont il est parlé plus haut. Arrivé à 999999, il dira. En ajoutant à ce nombre une unité, on aura une nouvelle collection de dix centaines de mille, qu'on appellera *million* ; on aura des dixaines de millions, comme on a eu des dixaines de mille des centaines de millions, comme on a eu des centaines de mille. Puis on aura des unités, des dixaines, des centaines de *billions*; des unités, des dixaines, des centaines de *trillions* ; des unités, des dixaines, des centaines de *quatrillions*, etc.

Pour mieux faire sentir que la dénomination change de trois en trois chiffres, le maître devra tracer, soit sur le tableau noir, soit sur le papier, le cadre suivant, et exercer les élèves à écrire un nombre quelconque, d'abord à vue du cadre, puis sans le cadre.

QUATRILLIONS.			TRILLIONS.			BILLIONS.			MILLIONS.			MILLE.			UNITÉS simples.		
Centaines	Dixaines.	Unités.	Centaines.	Dixaines.	Unités.	Centaines.	Dixaines.	Unités.	Centaines.	Dixaines.	Unités.	Centaines.	Dixaines.	Unités.	Centaines.	Dixaines.	Unités.

Le Maître énoncera un nombre.

L'élève, à vue du tableau ci-dessus, placera les chiffres significatifs énoncés vis-à-vis chaque tranche, ayant soin de mettre des zéros à la place des tranches dont il n'aurait pas été fait mention. Essayons d'expliquer par un exemple la manière dont on doit opérer :

Je suppose que le Maître énonce le nombre cinquante-quatre trillions , trois cent-soixante-deux billions, sept-mille deux cent-cinq unités.

L'élève dit : Dans cinquante-quatre trillions, il y a 5 dixaines 4 unités de trillions , je place ces deux chiffres sous le cadre , vis-à-vis la tranche des trillions, de manière que le chiffre 5 corresponde au mot dixaines, et le 4 au mot unités. Je mets un point à la droite du chiffre 4, et je passe à la dénomination des billions, qui est à la tranche immédiatement à droite, et je dis: Dans trois cent-soixante-deux billions, il y a 5 centaines, 6 dixaines, et 2 unités de billions. Je place ces trois chiffres de manière que le chiffre 5 corresponde au mot centaines de la tranche de billions, le chiffre 6, au mot dixaines, et le chiffre 2 , au mot unités.

Passant à la tranche des millions , je dis : Comme dans l'énonciation du nombre proposé, il n'est pas fait mention de cette tranche , je la remplace par trois zéros , et j'écris : 0 centaines, 0 dixaines, 0 unités de billions. Passant à la tranche des mille , je dis : Dans 7 mille, il n'y a ni centaines de mille , ni dixaines de mille; j'écris donc 0 centaines, 0 dixaines et 7 unités de mille, ayant soin de faire correspondre le premier 0 de droite, au mot centaines de la tranche des mille; le second 0 , au mot dixaines, et le chiffre 7 au mot unités. Passant à la tranche des unités simples, je dis : deux cent-cinq unités renferment 2 centaines, 0 dixaines, 5 unités; je place chacun de ces chiffres sous la tranche du cadre, de manière que le chiffre 2 corresponde au mot centaines, le 0 au mot dixaines et le 5 au mot unités.

Après que le Maître aura fait faire plusieurs exercices dans ce genre, il fera écrire des nombres au tableau sans le secours du cadre. Puis il fera énoncer à haute voix des nombres écrits en chiffres.

LE MAÎTRE : *Enoncez le nombre* 75000701052708.

L'ÉLÈVE : Pour énoncer un nombre écrit en chiffres, je sépare par un point les tranches de trois en trois chiffres, en commençant par la droite : la première de droite porte le nom d'unités simples; la seconde, de mille; la troisième, de millions; la quatrième, de billions, et la cinquième, de trillions. Ce nombre étant partagé, revient à 75.000.701.052.708 ; j'énonce chaque tranche, en commençant par la gauche, de la même manière que je le ferais si elle était seule; j'ajoute à la fin le nom de la tranche, et je dis : soixante-quinze trillions-sept cent-un millions-trente-deux mille-sept cent-huit unités.

LE M. : *Enoncez le nombre* 70000001000000027.

L'ÉLÈVE : Je partage le nombre en tranches, et j'ai................ 70.000.001.000.000.027.

Enonçant chaque tranche comme si elle était seule, et y ajoutant le nom qu'elle doit porter, je dis : soixante-dix quatrillons-un billion-vingt-sept unités. On fera observer que dans l'énonciation d'un nombre, on ne doit pas faire mention des tranches qui n'ont pas de chiffres significatifs.

Remarque. Le cadre qui précède fait voir que chaque tranche se compose de trois chiffres, c'est-à-dire de centaines, de dixaines et d'unités, excepté la dernière tranche de gauche, qui peut ne renfermer que des dixaines et des unités, ou seulement des unités.

13. D. *Que devient un nombre entier auquel on ajoute un zéro à sa droite?*

R. Ce nombre devient dix fois aussi grand.

Soit pris pour exemple le nombre...   5047.

En ajoutant un zéro à la droite de ce nombre, on a.................... 50470.

Le chiffre 7 occupait le rang des unités, il occupe maintenant le rang des dixaines; or une dixaine est dix fois aussi grande qu'une unité; donc les 7 unités sont devenues dix fois aussi grandes.

Le chiffre 4 représentait des dixaines, il représente maintenant des centaines; puisqu'une centaine se compose de dix dixaines, le chiffre 4 est devenu dix fois aussi grand. De même, le chiffre 5 est devenu dix fois aussi grand, car il exprimait des mille, tandis que, placé au 5.ᵉ rang, il représente des dixaines de mille.

Toutes les parties d'un nombre étant devenues dix fois aussi grandes, le nombre lui-même est dix fois aussi grand; donc, pour rendre un nombre dix fois aussi grand, il suffit d'ajouter un zéro à sa droite.

14. D. *Que devient un nombre entier auquel on ajoute deux zéros à sa droite?*

R. Ce nombre devient cent fois aussi grand.

Soit proposé le nombre........... 764.

En ajoutant deux zéros à la droite, on a 76400.

Le chiffre 4 occupait le rang des unités, il occupe maintenant celui des centaines; or, une centaine contient cent unités, donc le chiffre 4 est devenu cent fois aussi grand.

Le chiffre 6 occupait le rang des dixaines, il occupe maintenant le rang des mille; or, il faut cent dixaines pour un mille, donc le chiffre 6 est aussi devenu cent fois aussi grand.

Le chiffre 7 occupait le rang des centaines, il occupe maintenant celui des dixaines de mille; il faut dix centaines pour un mille, il en faut cent pour une dixaine de mille; donc le chiffre 7 est devenu cent fois aussi grand. Toutes les parties étant devenues cent fois aussi grandes, le nombre est devenu cent fois aussi grand. Voici encore un moyen bien simple de prouver qu'un nombre devient cent fois, mille fois, etc. aussi grand en ajoutant deux ou trois zéros à la droite.

Prenons encore pour exemple...... 764.

En ajoutant deux zéros à la droite, on a 76400.

Je dis que ce nombre est devenu cent fois aussi grand : le chiffre 7 occupe le rang des dixaines de mille; le chiffre 6, le rang des mille; le chiffre 4, celui des centaines.

7 dixaines de mille valent 70 mille, et 6, font 76 mille; 76 mille valent un nombre dix fois plus grand de centaines, c'est-à-dire, 760 centaines, et 4, font 764 centaines; or, 764 centaines sont cent fois aussi grandes que 764 unités, donc le nombre 764 unités est devenu cent fois aussi grand par l'addition de deux zéros à la droite de ce nombre.

Prenons toujours pour exemple 764. En ajoutant trois zéros à la droite, on a.... 764.000, où l'on voit que les 764 unités occupent, après l'addition des trois zéro, la seconde tranche à gauche et représentent par conséquent 764 mille. 764 mille est un nombre mille fois aussi grand que 764 unités; donc, etc. On prouverait de même que pour rendre un nombre entier *dix mille* fois aussi grand, il suffit d'ajouter quatre zéros, et ainsi de suite.

15. D. *Comment est-on parvenu à exprimer une quantité plus petite que l'unité ?*

R. On a partagé l'unité en dix parties égales; on a donné à chaque partie le nom de *dixième*; on a cherché combien un dixième est contenu de fois dans la quantité proposée; et l'on a représenté ce nombre de fois par 1, ou 2, ou 3, etc., c'est-à-dire, par les mêmes chiffres que les unités simples; pour les distinguer de celles-ci, on est convenu de placer les *dixièmes* à la droite des unités, en les séparant par une virgule. Par ce moyen, on représente une quantité quelconque jusqu'à un *dixième* près.

16. D. *Qu'entendez-vous par représenter une quantité jusqu'à un dixième près ?*

R. J'entends la représenter sans faire un dixième d'erreur, c'est-à-dire, que la partie négligée est plus petite qu'un dixième.

17. D. *Comment représente-t-on une quantité plus petite qu'un dixième ?*

R. On divise le dixième en dix parties égales ; on a donné à chaque partie le nom de *centième*, parce qu'il faut cent dixièmes de dixième pour composer une unité ; on représente les centièmes par les chiffres destinés à représenter les unités et les dixièmes ; mais on les distingue en les plaçant à la droite des dixièmes, ou au second rang à droite de la virgule.

18. D. *Dites comment vous comprenez qu'un dixième de dixième est la centième partie de l'unité.*

R. Ici, l'élève trace sur le tableau noir ou sur le papier, une ligne droite qu'il divise d'abord en dix parties égales ; puis il dit : Chacune de ces parties s'appelle dixième ; si je partage chaque dixième en dix parties, il est évident que deux dixièmes renferment vingt de ces parties ; trois dixièmes en renferment trente ; quatre dixièmes, quarante ; et enfin, dix dixièmes, qui ne sont autre chose que l'unité entière, en renferment cent, c'est pourquoi une de ces parties s'est appelée *centième*.

19. D. Comment représente-t-on une quantité plus petite qu'un *centième ?*

(40)

R. En divisant un centième en dix parties égales.

Un centième renfermant dix de ces parties, cent centièmes en renferment cent fois dix, ou mille.

L'unité se trouve ainsi partagée en mille parties; chaque partie s'appelle *millième*. Autant la quantité à exprimer renferme de ces nouvelles parties, autant on aura de *millièmes*. On les représentera par les mêmes chiffres que les unités simples, mais on les placera à la droite des centièmes ou au troisième rang à droite de la virgule.

On concevra de même chaque millième divisé en dix parties; chaque partie s'appellera *dix-millième*; chaque dix-millième en dix parties, chaque partie s'appellera *cent-millième*. On obtiendra de même des *millionièmes*, des *dix-millioniè-mes*, etc., etc. Par ce moyen, on représentera une quantité aussi petite qu'on voudra.

20. *D.* Comment représenterez-vous en chiffres la ligne **AB**? (*Voyez la marge figure* 1.re.)

En prononçant **AB**, *on trace sur le tableau noir une ligne droite; on met* **A** *à l'extrémité de gauche, et* **B** *à l'autre extrémité.*

R. Comme je puis prendre pour unité une longueur quelconque, soit la ligne **CD** l'unité proposée. (*Voyez ci-après figure* 2.)

FIGURE 2.

Je prends une ouverture de compas égale à
CD; je porte cette ouverture sur la ligne **AB**;
c'est comme si j'y portais la ligne **CD** elle-même.

Le point **C** tombe en **A**, et le point **D**
en **I**; je dis qu'il y a au moins une unité
dans **AB**. Je porte de nouveau la même ouverture de compas sur le reste de la ligne;
l'une des branches tombe en **I**, l'autre en **K**;
je conclus qu'il y a au moins deux unités.
J'essaie de placer une troisième fois l'ouverture
de compas sur le reste de la ligne, mais je
trouve que ce reste est plus petit que l'unité;
ainsi, la ligne **AB** contient deux unités avec
un reste **KB**.

Je partage l'unité en dix parties; chaque
partie est égale à **CL**, et s'appelle *dixième*.
Je porte la longueur **CL** sur le reste **KB**, et
je trouve qu'elle y est contenue 5 fois jusqu'en
Z, avec un reste **ZB**. Je conclus que la ligne
en question contient au moins 2 unités 5 dixièmes; je place les 5 dixièmes à la droite des 2
unités, je sépare ces deux chiffres par une
virgule, et j'ai...................... 2,5.

Il reste encore à exprimer la distance **ZB**,
plus petite qu'un dixième. Pour cet effet on
partage le dixième **CL** en dix parties égales;
chaque partie étant égale à **Cy**, s'appelle dixième
de dixième ou *centième* d'unité; je place le
centième **Cy** autant de fois que possible sur
le reste **ZB**, et reconnaissant qu'il peut y être
contenu huit fois exactement, je conclus que

la ligne en question sera représentée par 2 unités, 5 dixièmes, 8 centièmes. Je place les 8 centièmes à la droite des 5 dixièmes et j'ai.. 2,58.

La ligne dont on vient de mesurer la longueur aurait pu ne pas renfermer un certain nombre de centièmes exacts; dans ce cas, on aurait partagé le centième en dix parties égales; chaque partie aurait porté le nom de dixième de centième, ou *millième* d'unité; on aurait porté une de ces parties autant de fois que possible sur le reste de la ligne : autant de fois cette partie y aurait été contenue, autant on aurait eu de millièmes, qu'on aurait écrits à la droite des centièmes. Par un moyen analogue, on obtiendrait des *dix-millièmes*, des *cent-millièmes*, etc., etc.

21. *D.* Comment énonce-t-on un nombre composé d'unités entières et de parties de l'unité, que j'appellerai parties décimales ou fractions décimales ?

R. On énonce d'abord le nombre qui est à la gauche de la virgule, en ajoutant à la fin de l'énonciation le mot unités; puis on dit : tant de dixièmes, tant de centièmes, tant de millièmes, etc., ou bien, après avoir énoncé le nombre entier, on énonce la fraction décimale comme on énoncerait un nombre entier, en ajoutant à la fin de l'énonciation le nom de la plus petite partie.

Soit le nombre 105,425.

Je dis : cent-cinq unités, quatre dixièmes, deux centièmes, trois millièmes. Je puis dire aussi : cent-cinq unités, quatre-cent-vingt-trois millièmes. En effet : 4 dixièmes valent 40 centièmes, et 2 font 42 ; chaque centième vaut 10 millièmes ; les 42 en valent 420, et 3 font 423 millièmes. Ainsi l'énonciation revient à cent-cinq unités quatre cent-vingt-trois millièmes.

22. *D.* Nous avons vu comment on énonce un nombre écrit en chiffres, lorsqu'il renferme des parties décimales ; dites maintenant comment on le représente en chiffres si on l'énonce à haute voix, ou si on l'exprime en caractères alphabétiques. Pour cela, soit proposé le nombre sept cent-cinq unités trois cent-sept millièmes.

R. J'écris d'abord le nombre entier ; je place une virgule à la droite, et j'ai........ 705.

Pour écrire trois cent sept dix-millièmes, je dis : Comme 507 s'écrit avec trois chiffres, et que les dix-millièmes doivent occuper le 4.e rang, il faut placer un zéro immédiatement après la virgule et écrire 307 à la droite de ce zéro ; le chiffre 7 occupera alors le rang qui lui convient, et l'on aura........ 705,0307.

23. LE MAÎTRE : Écrivez *deux mille quarante-cinq millionièmes.*

L'ÉLÈVE : Il faut un million de millionièmes pour composer une unité ; comme je n'en ai que 2045, il est clair que je n'aurai pas d'*unités.* J'écris donc 0 unités. Puis je dis : Comme 2045 s'écrit avec quatre chiffres, et que les millionièmes occupent le sixième rang, il importe de placer d'abord deux zéros à la droite de la virgule, et d'écrire 2045 à la droite des deux zéros ; le chiffre 5 occupera alors le sixième rang à droite, et l'on aura........... 0,002045.

24. LE MAÎTRE : *Prouvez que cette règle repose sur un principe légitime.*

L'ÉLÈVE : Je prends encore le nombre deux mille-quarante-cinq millionièmes, et je dis :

Il faut un million de millionièmes pour composer une unité ; comme je n'en ai que 2045, il est clair que je n'ai pas d'unités.

J'écris donc....................... 0,
Je continue ainsi :

Un dixième est dix fois plus petit que l'unité ; or, il faut un million de millionièmes pour composer l'unité ; il en faut dix fois moins, c'est-à-dire, cent mille, pour un dixième. Mais dans 2045, je n'ai pas de centaines de mille ; je n'aurai pas non plus de dixièmes d'unité, et j'écris... 0,0.

Il faut cent mille millionièmes pour un *dixième* ; il en faut dix fois moins, c'est-à-dire dix mille, pour un *centième*. Mais 2045 ne contient pas de dixaines de mille ; je n'aurai pas non plus de *centièmes* d'unités, et j'écris... 0,00.

Il faut dix mille millionièmes pour un *centième* ; il en faut dix fois moins, c'est-à-dire, mille, pour un *millième* ; or, le nombre 2045 contient deux mille ; j'aurai par conséquent 2 *millièmes* d'unités, et j'écris.......... 0,002.

Après avoir écrit 2000 millionièmes, que j'ai représentés par 2 millièmes, il reste à représenter 45 millionièmes. Je dis : Il faut mille millionièmes pour un *millième* ; il en faut dix fois moins, c'est-à-dire, cent pour un *dix-millième* ; comme je n'en ai que 45, je conclus que je n'ai pas de *dix-millièmes* d'unités, et j'écris.. 0,0020.

Il faut 100 millionièmes pour un *dix-millième*, il n'en faut que 10 pour un *cent-millième*; or, le nombre 45 contient 4 dixaines; j'aurai par conséquent 4 cent-millièmes d'unités, et j'écris.......................... 0,00204.

Il reste à représenter 5 *millionièmes*, que je place à la droite des 4 cent-millièmes, et j'ai............................ 0,002045.

25. D. *Que deviendrait un nombre qui renfermerait des parties décimales, si l'on avançait la virgule d'un rang vers la droite ?*

R. Ce nombre deviendrait dix fois aussi grand.
Soit le nombre................ 57,246.
En avançant la virgule d'un rang à droite, il devient.......................... 572,46.

Le chiffre 6 occupait le rang des *millièmes*, il occupe maintenant celui des *centièmes*; un centième vaut dix millièmes; donc le chiffre 6 est devenu dix fois aussi grand.

Le chiffre 4 occupait le rang des *centièmes*, il occupe maintenant le rang des *dixièmes*; il est devenu dix fois aussi grand, puisqu'un dixième contient dix centièmes.

Le chiffre 2 occupait le rang des *dixièmes*, il est maintenant à la place des *unités*; or, une unité renferme dix dixièmes; donc le chiffre 2 est devenu dix fois aussi grand.

Le chiffre 7 occupait la place des *unités*, il

occupe maintement celle des *dixaines* ; or, une dixaine contient dix unités, donc le chiffre 7 est devenu dix fois aussi grand.

Enfin, le chiffre 5 , qui occupait le rang des *dixaines* , se trouve maintenant à la place des *centaines* ; or, une centaine contient dix dixaines, donc le chiffre 5 est devenu dix fois aussi grand.

Toutes les parties dont le nombre 57,246 se compose étant devenues dix fois aussi grandes. le nombre lui-même est devenu dix fois aussi grand ; donc pour rendre un nombre qui contient des parties décimales dix fois aussi grand, il suffit d'avancer la virgule d'un rang vers la droite.

Un raisonnement semblable prouverait qu'on rend un nombre cent fois aussi grand en avançant la virgule de deux rangs vers la droite ; mille fois aussi grand en l'avançant de trois rangs, et ainsi de suite.

Soit le nombre.................. 56,857.

En avançant la virgule de deux rangs vers la droite, on a........ 5685,7.

Le chiffre 7 occupait la place des *millièmes* , il occupe maintenant celle des *dixièmes* ; or, un dixième vaut dix centièmes, lesquels dix centièmes valent cent millièmes ; donc le chiffre 7 est devenu cent fois aussi grand.

Le chiffre 5 occupait le rang des *centièmes* , il occupe maintenant le rang des *unités* ; or, une unité vaut cent centièmes, donc le chiffre 5 est devenu cent fois aussi grand.

Le chiffre 8 occupait le rang des *dixièmes* ,

il occupe maintenant le rang des dixaines. Il faut dix dixièmes pour composer une unité; il en faut dix fois autant, c'est-à-dire cent, pour une dixaine; donc le chiffre 8 est devenu cent fois aussi grand.

Le chiffre 6 occupait le rang des *unités*, il occupe maintenant celui des *centaines*; donc il est devenu cent fois aussi grand.

Le chiffre 5 qui occupait le rang des *dixaines*, se trouve maintenant à la place des *mille*; or, il faut dix dixaines pour une centaine; il en faut dix fois autant, c'est-à-dire, cent, pour un mille; donc le chiffre 5 est devenu cent fois aussi grand.

Toutes les parties étant devenues cent fois aussi grandes, le nombre lui-même est devenu cent fois aussi grand; donc on rend un nombre cent fois aussi grand en avançant la virgule de deux rangs vers la droite.

Soit encore proposé le nombre... 56,857.

Si j'avance la virgule de trois rangs vers la droite, j'ai 56857, où l'on voit que les millièmes sont devenus des unités; donc en avançant la virgule de trois rangs vers la droite, le nombre devient mille fois aussi grand.

Si l'on avançait la virgule de quatre rangs vers la droite, le nombre deviendrait dix mille fois aussi grand; car les *dix-millièmes* prendraient la place des *unités*, et ainsi de suite.

Si au contraire on avançait la virgule d'un, ou de deux, ou de trois, ou de quatre rangs, etc. vers la gauche d'un nombre, ce nombre deviendrait dix fois, ou cent fois, ou mille fois, ou dix mille fois aussi petit; en effet, en avançant d'un rang à gauche, les *unités* deviennent des *dixièmes*; en avançant de deux rangs à gauche, les *unités* deviennent des *centièmes*, et ainsi de suite.

26. D. *Que devient un nombre qui renferme des parties décimales, si l'on ajoute un ou plusieurs zéros à sa droite ?*

R. Ce nombre ne change pas de valeur.

  Soit le nombre............. 27,45
  En ajoutant un zéro, on a.... 27,450
  En ajoutant deux zéros, on a.. 27,4500

où l'on voit que le chiffre 5 occupe toujours le rang des centièmes; le chiffre 4, le rang des dixièmes; le chiffre 7, le rang des unités; le chiffre 2, le rang des dixaines En un mot, aucun de ces chiffres n'a changé de valeur relative; le nombre lui-même n'a donc pas changé de valeur.

On doit seulement remarquer qu'en ajoutant un zéro à la droite d'une fraction décimale, on a dix fois plus de parties, mais chaque partie est dix fois plus petite; en y ajoutant deux zéros, on a cent fois plus de parties, mais chaque partie est cent fois plus petite. En effet :

  Soit encore le nombre...... 27,45

1 centième vaut 10 millièmes; 45 centièmes en valent 45 fois 10 ou 450.

Ainsi, 27,45 est égal à............ 27,450

De même 450 millièmes valent, chacun, dix millièmes, et ensemble 450 fois 10 ou 4500. Ainsi, 27,450 est égal à 27,4500

27. LE MAÎTRE : *Enoncez ce nombre* 3,50.

L'ÉLÈVE : Trois unités cinq dixièmes.

28. LE MAÎTRE : *Quelle est la fonction du zéro placé à la droite du chiffre* 5 ?

L'ÉLÈVE : Il n'a aucune fonction ; il est parfaitement inutile : aussi avez-vous dû remarquer qu'il n'entre pour rien dans l'énonciation.

29. LE MAÎTRE : *Ne tient-il pas lieu des centièmes manquans ?*

L'ÉLÈVE : Dès qu'il n'y a pas de centièmes à représenter, il est inutile qu'un zéro l'indique : en effet, s'il fallait un zéro pour remplacer les centièmes manquans, il n'y a pas de raison pour qu'on n'en mît un second au troisième rang, pour tenir lieu des millièmes qui manquent ; il en faudrait un troisième pour tenir lieu des dix-millièmes ; un quatrième, pour tenir lieu des cent-millièmes ; et ainsi de suite jusqu'à l'infini. D'ailleurs, si l'on met quelquefois un zéro à la place des dénominations manquantes, c'est pour donner aux chiffres significatifs la valeur relative qui leur convient ; mais dans l'exemple proposé, non plus que dans les exemples analogues, les zéros ne sont d'aucune utilité, car ils n'approchent ni n'éloignent de la virgule aucun des chiffres significatifs.

Ainsi, qu'on ajoute tant de zéros qu'on voudra à la droite des parties décimales, le nombre n'en sera pas plus altéré que si l'on ajoute des zéros à la gauche d'un nombre entier, puisque dans l'un et l'autre cas la valeur relative des chiffres est toujours la même.   4

(5o)

Je ne croirais pas la numération terminée, si je n'y ajoutais un modèle d'exercices dont une longue expérience m'a fait connaître l'utilité.

Il s'agit de faire écrire des nombres sous différentes dénominations. Rien n'est plus propre que ces sortes d'exercices à développer l'intelligence et à former le jugement.de l'Elève par l'usage habituel qu'il fait de la réflexion.

Qu'on ne s'y trompe pas : il s'agit moins de règles que de principes; les règles favorisent la paresse, mettent la mémoire à la place du jugement et éloignent l'Elève de cet esprit d'analyse sans lequel on ne peut espérer des résultats satisfaisans.

EXERCICES.

3o. LE MAÎTRE : Écrivez , *deux mille-treize millièmes.*

Ici, l'élève se trompera s'il ne fait, soit à haute voix, soit mentalement, le raisonnement suivant :

L'ÉLÈVE : 2013 s'écrit avec quatre chiffres; or, les millièmes occupent le troisième rang à droite de la virgule, donc il doit y avoir un chiffre à la gauche.

Plaçant donc la virgule entre le 2 et le 0, j'ai 2,013. L'élève aurait encore pu faire ce raisonnement : 1000 millièmes valent une unité , 2000 millièmes en valent 2; j'écris le chiffre 2, en plaçant une virgule à sa droite, et j'ai... 2.

Quant aux 13 millièmes restans, je dis : 13

millièmes valent 1 centième et 5 millièmes ; j'écris 1 centième au deuxième rang, et 5 millièmes au troisième à droite; mais pour que le chiffre 1 occupe le deuxième rang, je place un zéro au premier, lequel tiendra lieu des dixièmes manquans ; et j'ai.................... 2,015.

31. LE MAÎTRE : Écrivez *trois cent - quinze dixaines de dixième.*

L'ÉLÈVE dit : Les dixaines de dixième sont évidemment des unités, car il faut dix dixièmes pour composer une unité ; j'écris donc 315 unités, et j'ai........................... 315.

52. LE MAÎTRE : Écrivez *douze mille - douze cents unités.*

L'ÉLÈVE : Avant d'écrire 12 mille, je dis : douze cents unités renferment 1 mille et 200 unités ; 1 mille et 200 unités plus 12 mille font 13,200 unités ; j'écris............... 13,200.

55. D. *Quels sont les mots primitifs qui servent à l'énonciation des nombres ?*

R. Ce sont : un, deux, trois, quatre, cinq, six, sept, huit, neuf, dix, onze, douze, treize, quatorze, quinze, seize, vingt, trente, quarante, cinquante, soixante, septante, octante, nonante, cent, mille, million, billion, trillion, quatrillion, etc.

34. D. *Que remarquez-vous sur les mots septante, octante, nonante ?*

R. Ces mots devraient être employés par analogie, et l'on a eu tort de leur substituer les expressions soixante-dix, quatre-vingt, quatre-vingt-dix.

35. **D.** *Que remarquez-vous sur les mots onze, douze, treize, quatorze, quinze, seize ?*

R. Ils attestent le peu de sens de ceux qui, les premiers, les ont adoptés. Dès que l'on dit dix-sept, dix-huit, dix-neuf, je ne vois pas pourquoi on ne pourrait pas dire dix et un, dix et deux, dix et trois, dix et quatre, dix et cinq, dix et six. Du reste, en adoptant l'énonciation ainsi modifiée, on ne prendrait qu'une demi-mesure ; on devrait encore remplacer les mots dix et vingt par les expressions unante et duante.

36. **D.** *Quels seraient alors les mots primitifs ?*

R. Un, deux, trois, quatre, cinq, six, sept, huit, neuf.

unante {duante ou deuxante} {trente ou troisante} {quarante ou quatrante} cinquante {soixante cu sixante} septante {octante ou huitante} {nonante ou neuvante.}

Cent, mille, million, billion, trillion, quatrillion, etc.

Ainsi, au lieu de dire :

Dix-sept, vingt-quatre, soixante-onze, quatre-vingt-quinze.

On dirait :

Unante-sept, deuxante-quatre, septante-un, neuvante-cinq.

FIN DE LA PREMIÈRE PARTIE.